**Pedro Julio García Chacón**
**Irene Franco**
**Fernando García**

# Manglares del Sur - Oriente de Guatemala

Pedro Julio  García Chacón
Irene Franco
Fernando García

# Manglares del Sur - Oriente de Guatemala

## Descripción Biofísica

Editorial Académica Española

**Impressum / Aviso legal**

Bibliografische Information der Deutschen Nationalbibliothek: Die Deutsche Nationalbibliothek verzeichnet diese Publikation in der Deutschen Nationalbibliografie; detaillierte bibliografische Daten sind im Internet über http://dnb.d-nb.de abrufbar.

Alle in diesem Buch genannten Marken und Produktnamen unterliegen warenzeichen-, marken- oder patentrechtlichem Schutz bzw. sind Warenzeichen oder eingetragene Warenzeichen der jeweiligen Inhaber. Die Wiedergabe von Marken, Produktnamen, Gebrauchsnamen, Handelsnamen, Warenbezeichnungen u.s.w. in diesem Werk berechtigt auch ohne besondere Kennzeichnung nicht zu der Annahme, dass solche Namen im Sinne der Warenzeichen- und Markenschutzgesetzgebung als frei zu betrachten wären und daher von jedermann benutzt werden dürften.

Información bibliográfica de la Deutsche Nationalbibliothek: La Deutsche Nationalbibliothek clasifica esta publicación en la Deutsche Nationalbibliografie; los datos bibliográficos detallados están disponibles en internet en http://dnb.d-nb.de.

Todos los nombres de marcas y nombres de productos mencionados en este libro están sujetos a la protección de marca comercial, marca registrada o patentes y son marcas comerciales o marcas comerciales registradas de sus respectivos propietarios. La reproducción en esta obra de nombres de marcas, nombres de productos, nombres comunes, nombres comerciales, descripciones de productos, etc., incluso sin una indicación particular, de ninguna manera debe interpretarse como que estos nombres pueden ser considerados sin limitaciones en materia de marcas y legislación de protección de marcas y, por lo tanto, ser utilizados por cualquier persona.

Coverbild / Imagen de portada: www.ingimage.com

Verlag / Editorial:
Editorial Académica Española
ist ein Imprint der / es una marca de
AV Akademikerverlag GmbH & Co. KG
Heinrich-Böcking-Str. 6-8, 66121 Saarbrücken, Deutschland / Alemania
Email / Correo Electrónico: info@eae-publishing.com

Herstellung: siehe letzte Seite /
Publicado en: consulte la última página
**ISBN: 978-3-659-08082-1**

# Contenido

## NDICE DE CUADROS

# ÍNDICE DE FIGURAS

## Presentación

Este libro constituye un texto en el cual se ha tratado de desarrollar los orígenes de mangle, las generalidades y los hallazgos de investigación realizada en el Instituto de Investigaciones hidrobiológias del Centro de Estudios del Mar y Acuicultura de la Universidad de San Carlos de Guatemala.

El Instituto de Investigaciones Hidrobiológicas, tiene como objetivos organizar, dirigir, coordinar, evaluar y promover las funciones de investigación, vinculación con la sociedad, gestión de recursos internos y externos e innovaciones tecnológicas, en el tema de los recursos hidrobiológicas.

Se abordan los conceptos de tal manera que pueda servir de guía para los que quieran internarse en el apasionante mundo de los manglares y entiendan desde los orígenes del mismo pasando por las descripciones generales, hasta un caso particular desarrollado para los manglares del Sur Oriente de Guatemala.

En la descripción biofísica se abordan aspectos relacionados con la calidad del agua, la productividad de hojarasca y las medidas dasométricas propiamente dichas, para dar paso a aplicaciones que conducen a la determinación de importantes indicadores de estructura y composición como lo es el índice de complejidad.

Se desarrolla un apartado para la descripción de indicadores de fauna íctica la cual es importante en la economía local.

Por último se dan algunas directrices de lo que es necesario investigar en el amplio mundo de los manglares, los cuales necesitan ser valorados y reconocidos como valiosos ecosistemas que generan vida en las zonas costeras.

**Pedro Julio García Chacón**

**Agradecimientos**

Este trabajo difícilmente podría haber sido realizado sin el apoyo del Consejo Nacional de Ciencia y Tecnología y el Centro de Estudios del mar y Acuicultura de la Universidad de San Carlos de Guatemala.

Por otra parte es necesario expresar un profundo agradecimiento al equipo de investigadores del Instituto de Investigaciones Hidrobiológicas del CEMA, Licenciado en Acuicultura Julio Fernando García Vargas y Licenciado en Acuicultura Carlos Ortiz, pues en el desarrollo de una investigación el espíritu de trabajo y colaboración son fundamentales y ellos tuvieron esa cualidad.

Agradecimiento al equipo de colaboradores en su mayoría pescadores artesanales del área.

**Dedicatoria**

A nuestras familias que han tenido paciencia tras horas de trabajo y desvelo en las cuales muchas veces no hubo tiempo para atenderles como se merecen y que han sabido comprender nuestra labor científica encaminada única y exclusivamente a contribuir al desarrollo de nuestro pueblo y la conservación de tan valioso recurso natural **NUESTRO MANGLAR**.

A los pescadores artesanales del Sur Oriente de Guatemala, quienes nos acompañaron siempre facilitando nuestro trabajo y haciendo de nuestra labor algo agradable que se veía compensado al final de la jornada.

# 1. Introducción

El istmo centroamericano cuenta con una importante diversidad de humedales, la cual se concentra principalmente en las zonas bajas y las planicies costeras. La diversidad tiende a concentrarse en ciertas áreas que con frecuencia son altamente significativas y al mismo tiempo, vulnerables en aspectos socio-económicos, culturales, educacionales y paisajísticos.

Con el ánimo de que el presente documento se constituya en un aporte significativo para los que trabajamos y nos preocupamos por los manglares, en cualquier parte del trópico y que ayude a la comprensión de dichos ecosistemas por personas y entidades que sin estar cerca del trópico y mucho menos del manglar, contribuyen a su conservación y recuperación, se describen en primer término aspectos generales de los manglares para luego entrar en el caso particular de los manglares del Sur Oriente de Guatemala.

Es importante mencionar que existen muchas iniciativas y programas encaminados a la protección de los ecosistemas de manglar, sin embargo, estos siguen vulnerados en su integridad estructural, iniciativas, programas y proyectos no han sido capaces de detener el avance del "Desarrollo" a costa muchas veces de sistemas naturales tan preciados como los manglares.

La problemática asociada a manglares, ¿cuestión de conciencia?, ¿es cuestión legal?, ¿es cuestión de políticas?, ¿es cuestión de planificación?, ¿es culpa?, ¿es consecuencia?, ¿es causa o efecto?, ¿es natural?...; la verdad, es un poco de todo; pero y entonces que hacer…La respuesta no es fácil, porque tiene componentes muy difíciles de manejar, uno de los principales es voluntad, la mayoría entendemos que existe un gran problema, pero no hay pero existe poca o ninguna voluntad para accionar correctamente.

La velocidad en que los recursos naturales en general se deterioran, es mayor que la velocidad de respuesta del ser humano, la carrera es desigual por tanto no podemos esperar que eso siga sucediendo al paso que va.

Guatemala no escapa a todos estos comportamientos antinaturales, pues nuestros recursos se siguen deteriorando a un paso agigantado y no hay manera de frenar dichos impactos en forma sostenida.

En Guatemala se cuenta con áreas importantes de humedales y zonas de manglares, tanto en el Atlántico como en el Pacífico, siendo este último en donde existe la mayor superficie de éstos ecosistemas, sin embargo, la presión que se ha venido ejerciendo por actividades antrópicas es la causa principal de la degradación y destrucción de dichos ecosistemas.

Ante tal situación se hacen múltiples esfuerzos como la presente investigación cuyo objetivo principal fue evaluar las y describir las características biológicas y físicas del ecosistema, y describir la estructura y composición del manglar.

Es importante no olvidar que Guatemala como país miembro de la Convención Ramsar tiene el compromiso de llevar a cabo actividades que respondan a los objetivos de esta convención dentro de lo que se incluye promover la conservación de los humedales que se encuentren en su territorio estableciendo reservas naturales y promoviendo la investigación, el manejo/gestión y la vigilancia de los mismos.

Respondiendo a este compromiso de país miembro es importante que a través de proyectos de investigación se genere y actualice información técnica que evidencie el estado actual de los ecosistemas de manglar que todavía existen en el país con el propósito de facilitar información que permita establecer directrices para lograr un equilibrio entre la conservación y uso sustentable de los bienes y servicios que brindas estos ecosistemas.

Se evaluaron dentro del trabajo, las variables asociadas al impacto por degradación del ecosistema manglar localizado en el Sur Oriente de Guatemala específicamente en el área comprendida entre Las comunidades de Las Lisas, Chiquimulilla, Santa Rosa y El Paraíso-La Barrona, Moyuta, Jutiapa. Obteniendo como resultados principales, la características biofísicas del ecosistema de manglar, estructura y composición.

Se abordan aspectos relacionados con el origen de los manglares, pasando por las generalidades para luego entrar en detalle, en aspectos dasométricos y estructurales.

## 2.  Origen de los manglares

La discusión sobre los orígenes del mangle sigue vigente, se cree que su origen es el Indo Pacífico, hace unos 45 millones de años al final del período cretácico, Sin embargo la hipótesis más convincente afirma que los manglares se originaron en el mar de Tethys durante el cretácico tardío (unos 130 a 150 millones de años), esta hipótesis se sustenta en el hallazgo de gasterópodos fósiles asociados a manglares en esas regiones (Aaron M. Ellison, Elizabeth J. Farnsworth & Rachel E. Merk, 1999)

Europa del sur durante el cretácico medio hace unos 100 millones de años era un archipiélago donde mares someros inundaban lo que posteriormente quedaría emergido.

Figura 1. Mar de Tethys, en el Triásico hace 200 millones de años

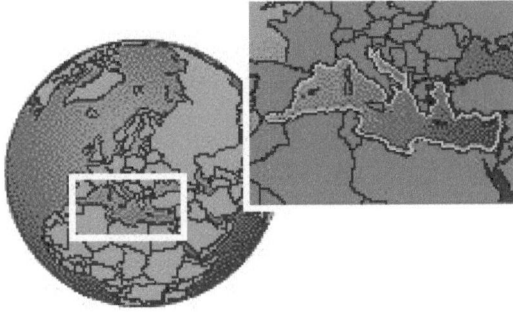

Figura 2. Configuración actual de Europa

Aarón M. (1999) Escribe al respecto, lo siguiente: Se han sugerido dos hipótesis para explicar la anomalía de biodiversidad de mangle. La hipótesis del centro-de-origen afirma que todos los taxa del mangle se originaron en el Pacífico Indo – Occidental (IWP) y seguidamente se dispersaron a otras partes del mundo. La hipótesis del vicariance afirma que el taxa del mangle ha evolucionado alrededor del Mar de Tethys durante el Cretaceo Tardío ( 130 a 150 millones de años ), y la diversidad de la especie regional se producía de la diversificación in situ después de la deriva continental.

Se usan cinco líneas de evidencia para probar entre estas dos hipótesis. Primero, se revisó el registro fósil de mangle. Segundo, se comparó los mangles de la distribución reciente y fósiles y ocho géneros de gasterópodos que muestran fidelidad alta al ambiente del mangle. Tercero, se describió las relaciones especie-área de mangles y los gasterópodos asociados con respecto al área de hábitat disponible. Cuarto, se analizó modelos de nestedness (control específico) de planta individual y comunidades del gasterópodo en bosque del mangle. Quinto, se analizó modelos de nestedness de planta individual y especies del gasterópodo.

Las cinco líneas de apoyo dan la evidencia de la hipótesis del vicariance. Las primeras ocurrencias en el registro fósil de la mayoría de géneros del mangle y muchos géneros de gasterópodos asociados con bosques del mangle aparecen alrededor del mar de Tethys del cretaceo tardío (130 a 150 millones de años) a través del terciario Temprano (75 millones de años). Globalmente, se pone en correlación la riqueza de la especie en cualquier bosque del mangle dado muy estrechamente con el área disponible. Los modelos orientan hacia tres regiones independientes de diversificación de ecosistemas del mangle :Sur-este Asia, el Pacífico caribeño y Oriental, y la región de Océano Indico

## 3.    Los manglares del gran Caribe

Según Bossi (1990), en algún momento de la historia, más del 60 % de las costas tropicales del mundo estuvieron cubiertas por manglares. Sin embargo esta cobertura se ha visto perturbada por diversos factores como la urbanización y la erosión.

En la región del gran Caribe, la cobertura es variada abundando donde existe un relieve plano, un gran flujo mareal y aportes constantes de agua dulce.

En el Caribe Oriental la presencia está restringida por las pendientes inclinadas y por el fuerte oleaje quedando posibilidades solo en lugares muy protegidos como la desembocadura de los ríos, se les puede encontrar dependiendo de las condiciones árboles de 4 a 6 metros de altura y otros de hasta 20 metros o más.

Los manglares pueden ser encontrados desde las costas oeste y sur de la Florida en el Caribe del Continente Americano, en los cayos de la Florida, costas de México y en el golfo, luego se le puede encontrar en el Caribe de Belice y sus cayos pasando por Guatemala, Honduras, Nicaragua, Costa Rica y Panamá. Estos manglares y los sistemas arrecifales sirven de santuario para aves migratorias y animales en peligro de extinción.

Luego en Sudamérica se le puede encontrar en el sistema de lagunas Ciénaga Grande en la costa norte de Colombia y luego en las lagunas costeras y estuarios de los ríos San Juan y Orinoco en Venezuela.

En las costas de Guyana, Surinam y Guyana Francesa se encuentran vastas extensiones de mangle que se distribuyen tierra adentro hasta donde se consigue la influencia del mar.

Figura 3. Manglares del sur Oriente de Guatemala

## 4. Generalidades de los manglares

Una de las características más importantes de los elementos arbóreos del manglar es su adaptación a condiciones específicas de periodicidad de inundación y exposición al aire, diferente para cada especie. Esto determina la distribución y zonación de los manglares e incluso influye en la sucesión. Estas condiciones resultan de las situaciones hidrológicas netas de la zona en particular y son producto de la combinación de las mareas, aportes fluviales, escurrimientos terrestres, precipitación-evaporación, viento, profundidad y geomorfología del cuerpo de agua adyacente, tasa de sedimentación (y hundimiento o subsidencia) y la extensión de su nivel topográfico óptimo. Todos estos son factores de gran importancia que determinan el éxito de los programas de reforestación o forestación (Agráz-Hernández, Noriega-Trejo, R.; López-Portillo, J.; Flores-Verdugo, F. J.; Jiménez-Zacarías, J.J., 2006).

De acuerdo con Lacerda, LD; JE Conde; B. Kjeerfve; R. Alvarez-Le-n; C. Alarcón-n; J. Polania (2002), los manglares se han utilizado desde siempre, en América existe fuerte evidencia de uso principalmente para madera y producción de energía.

Los manglares se encuentran ubicados dentro de los ecosistemas más productivos del mundo. Su naturaleza de plantas halófitas facultativas, las hacen desarrollarse en condiciones donde otras plantas difícilmente lo podrían hacer. Son formaciones vegetales costeras típicas de los ecosistemas litorales de las zonas tropicales y sub-tropicales, de allí su carácter pantropical[1]. Se los describe como bosques costeros, bosques de marisma o bosques de manglares FAO (1994).

De una manera general, los manglares son árboles y arbustos que crecen por debajo del nivel alto de la marea viva. Los sistemas radiculares se inundan regularmente con agua salina, aunque ésta pueda estar diluida por los escurrimientos

---

[1] Pantropical: se refiere a que los manglares se desarrollan únicamente en la franja tropical del planeta

15

de agua dulce de la superficie; los manglares solamente se cubren de agua una o dos veces al año FAO (1994).

Los manglares constituyen humedales de gran importancia dadas sus funciones ecosistémicas que contribuyen a la productividad de las zonas costeras. Según Bravo y Windevoxhel (1997), los humedales como concepto adaptado para Costa Rica, son "ecosistemas con dependencia de regímenes acuáticos, naturales o artificiales, permanentes o temporales, lénticos o lóticos, dulces, salobres o salados, incluyendo las extensiones marinas hasta el límite posterior de fanerógamas marinas o arrecifes de coral o, en su ausencia, hasta 6 metros de profundidad en marea baja"

La convención sobre los humedales de importancia internacional, llamada Convención Ramsar, que es un tratado intergubernamental que sirve de marco para la acción nacional y la cooperación internacional en pro de la conservación y el uso racional de los humedales y sus recursos, emplea una amplia definición de los tipos de humedales que incluyen pantanos, marismas, lagos, ríos, pastizales húmedos, turberas, oasis, estuarios, deltas, arrecifes de coral y manglares Ramsar (2009).

También se consideran humedales otras áreas marinas cuya profundidad en marea baja no exceda de 6 metros SECRETARÍA (2007).

En relación a su estructura funcional, El mosaico de hábitats de manglares provee gran variedad de componentes de biodiversidad que son importantes para la función y calidad ambiental de los ecosistemas estuarinos tropicales. La función ecológica dominante de los manglares es el mantenimiento de hábitats costero-marinos y la provisión concomitante de alimento y refugio para una gran variedad de organismos a diferentes niveles tróficos. Además los manglares juegan un papel principal en mantener la calidad del agua y la estabilidad de la línea de costa, controlando la distribución de nutrientes y sedimentos en aguas estuarinas Yañez (1999).

Estos pantanos forestados son únicos donde las mareas modulan el intercambio de agua, nutrientes, sedimentos y organismos entre ecosistemas costeros intermareales tropicales. También los ríos y sus cuencas bajas vinculan la descarga de sedimentos y nutrientes desde el continente, modulando la productividad y biogeoquímica de estuarios tropicales, acoplándose esta dinámica con ecosistemas vecinos. Las múltiples funciones de los manglares inducen una productividad primaria y producción secundaria extremadamente alta en costas tropicales.

A nivel mundial se cree que existen unas 56 especies de mangle. Para Guatemala encontramos mangles de las siguientes familias:

### 4.1. Manglares enanos o achaparrados

Mejía (2000), al agrupar los manglares por tipos fisiográficos y fisionómicos, por sus características de organización y ubicación, manteniendo estrecha relación con la zonación, agrupa a los manglares enanos o achaparrados dentro de los manglares especiales ya que los considera bosques de fisionomía achaparrada y de bajo desarrollo debido principalmente a condiciones de alta salinidad, baja disponibilidad de nutrientes y temperaturas extremas y generalmente dominado por mangle negro *Avicennia germinans*.

Los manglares enanos o achaparrados, son ecosistemas o formaciones de manglares que se desarrollan sobre sustratos inadecuados, como plataformas de rocas sedimentarias expuestas al agua salada y en plataformas predominantemente arenosas donde el intercambio de aguas mareales es escaso lo que limita su normal desarrollo.

Por otra parte, Davis (2005), indica que la formación de manglares enanos obedece entre otras cosas al bajo suministro de Fósforo que es aportado por el sistema marino en pantanos interiores en los cuales dicho fenómeno se suma a sustratos pobres.

Este tipo de mangle puede frecuentemente registrar altas densidades de población y alcanzar muy baja altura de tallo, lo anterior tiene relación con lo mencionado por Ross et al. (2001), quien reporta densidades en bosques de manglares enanos de florida con valores de 608 individuos ha$^{-1}$ y valores similares reportados por Saenger y Snedaker (1993) en bosques bajos de Australia lo cual según Vélez E. & Polanía J (2006) son evidencia de que ciertas características estructurales podrían responder de manera comparable a factores climáticos, con independencia de su composición específica. Por otra parte este comportamiento también puede decirse que puede deberse entre otros factores a la variación estacional de aportes de agua, las altas variaciones en salinidad y la elevada insolación en esos lugares.

En Guatemala y especialmente en las costas del mar Caribe, es frecuente encontrar este tipo de mangle distribuido en parches o matorrales, principalmente en humedales vecinos a Belice y dominados por mangle rojo *Rhizophora mangle* L. sobre suelos poco profundos, abundados en rocas kársticas y ligeramente ácidos.

## 5.    Conectividades de los manglares

Los manglares juegan un importante papel conectando ecosistemas, el flujo constante de energía se traslada desde lugares distantes a la costa para dar lugar a procesos biogeoquímicos que son indispensables para la existencia de muchas especies de interés tanto para la economía como para la biodiversidad.

Mumby (2006) al describir sus algoritmos indica que estos representan la distribución espacial en relación a diferentes funciones, 1) los manglares son capaces de proporcionar hábitats de alta calidad para alevines de arrecife, 2) la conectividad de los arrecifes con los viveros de mangle, 3) los manglares ofrecen hábitats críticos de guardería, la pérdida de los manglares podría tener grandes impactos sobre la conectividad de estos de estos con los arrecifes, 4) es prioritaria la reforestación y recuperación de áreas de manglar para aumentar la biomasa de peces en los arrecifes de coral.

No se puede concebir la existencia de un organismo sin su carácter ontogénico, de cualquier manera los organismos en sus diferentes etapas de desarrollo necesitan diferentes tipos de hábitats y en el caso de los peces marinos y otros organismos, el manglar juega un papel importante al servir de guardería en los primeros estadios de desarrollo.

Las principales características que definen la conectividad ecológica son 1. Es un atributo diferente para cada especie, 2. Es espacial, 3. Mide las conexiones funcionales entre ecosistemas en el territorio. Dadas las características anteriores, es necesario valorar los comportamientos de las diferentes poblaciones de organismos, su comportamiento en un área determinada y las rutas funcionales entre diferentes ecosistemas.

A continuación en la figura 4, se presenta una propuesta de modelo conceptual de indicadores de conectividad, que podría orientar un estudio de los mismos.

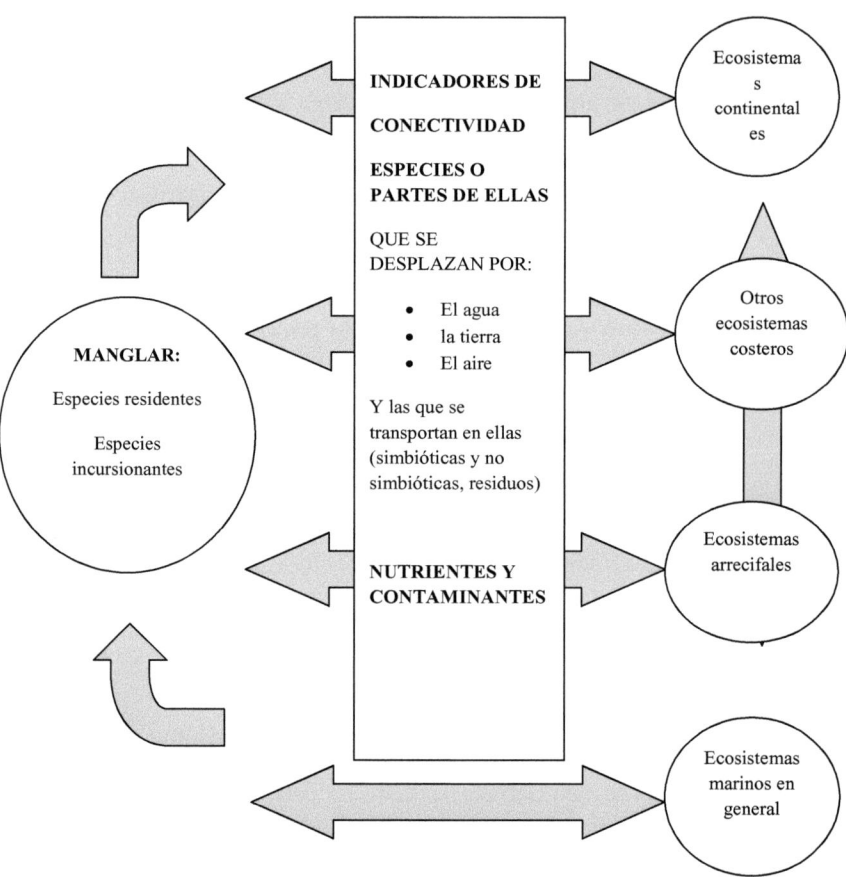

Figura 4. Propuesta de modelo conceptual de indicadores de conectividad en ecosistemas de manglar

## 6. Funciones de los manglares

La funciones que desempeñan los manglares son diversas y necesarias para los procesos naturales en las zonas costeras, sin embargo estas mismas funciones muchas veces traducidas a servicios ecosistemicos, son abusados poniendo en riesgo su identidad.

La función ecológica dominante de los manglares es el mantenimiento de los hábitats costero-marinos y la provisión concomitante de alimento y refugio para una gran variedad de organismos a diferentes niveles tróficos. Por otra parte los manglares juegan un papel principal en mantener la calidad del agua y la estabilidad de la línea de costa, controlando la distribución de nutrientes y sedimentos en aguas estuarinas. Las múltiples funciones de los manglares inducen una productividad primaria y producción secundaria extremadamente alta en costas tropicales.

Los bosques de manglar se encuentran relacionados funcionalmente con los ecosistemas lagunares-estuarinos, proporcionando múltiples servicios, usos y funciones de valor para la sociedad, para la flora y la fauna silvestre, y para el mantenimiento de sistemas y procesos naturales. Estos ecosistemas sirven como sistemas naturales de control y barrera contra inundaciones e intrusión salina, control de la erosión, protección a la costa y filtro biológico (por remoción de nutrientes y toxinas). Son además el hábitat de especies de peces, crustáceos y moluscos de importancia ecológica y comercial. Constituyen zonas de refugio y alimentación de fauna silvestre amenazada y en peligro de extinción, y de especies endémicas y migratorias (Agráz-Hernández, 2006).

Son fuentes de energía (leña o turba), proporcionan materias para tinción de telas y curtido de pieles, así como desinfectantes y astringentes. Históricamente, los manglares se han utilizado como fuente de energía y materias primas (carbón, material de construcción, extracción de sal, taninos y otros tintes e incluso alimento) (Agráz-Hernández, 2006).

Las áreas de manglares pueden también considerarse como vías de comunicación y como un banco genético y tienen un alto valor estético y recreativo, además de cultural y educativo.

Mantienen procesos de acreción, sedimentación y formación de turba; son excelentes sistemas de absorción de bióxido de carbono ($CO_2$) mitigando el efecto del calentamiento global asociado al cambio climático por sus elevadas tasas fotosintéticas y son una importante fuente de materia orgánica (detritus). Los manglares y las marismas son también la zona de amortiguamiento de inundaciones, una función crucial en las zonas con alta frecuencia de huracanes y tormentas (Agráz-Hernández, 2006).

# 7. Importancia de los manglares

A propósito de la importancia de los manglares a nivel mundial, Odum (1994), menciona en su obra "El Valor Ecológico y Ambiental de los Manglares: El Método EMergetic; que la destrucción de los manglares a nivel mundial se ha producido en gran medida por que ni el público ni los sectores privados han sabido valorar la importante contribución de estos ecosistemas en las economías de los países en vías de desarrollo. Por otra parte indica también que existen por lo menos cuatro métodos posibles para valorar los manglares 1) Valor monetario, 2) Monto de Emergía (Emergía: total de la energía de una clase, requerida directa e indirectamente, para producir un bien o servicio económico o ambiental), 3) Total de trabajo útil, y 4) Valor del costo de reposición. Estos formas de evaluar los ecosistemas de manglar siguen siendo útiles, pues en la mayoría de zonas con este recurso tal cosa no se ha realizado en ningún nivel.

Windevoxhel (Sf), indica en su trabajo "Importancia de los bosques de manglar y experiencia en manejo en América Central", que los manglares no solo tienen un elevado valor ecológico sino contribuyen de manera importante a las economías regionales.

Alrededor del mundo, los manglares tienen un valor ambiental y ecológico, así como también proveen significativos beneficios socio-económicos a las economías de las comunidades tanto a nivel nacional como local.

Mitsh y Gosselink (1986) citados por Corella (2001), aseguran que los ecosistemas de manglar juntamente con los arrecifes de coral y pastos marinos confieren a la zona costera una productividad primaria 10 a 25 veces superior a la mayoría de los ecosistemas marinos y terrestres conocidos.

Los manglares a nivel mundial contribuyen con unos US$ 1,648 billones, producto de sus servicios ambientales Aburto (2008).

La pesquería se ve incrementada o favorecida en presencia de manglares, de tal manera que su destrucción trae como consecuencia su disminución.

Por sus características reproductivas, los manglares pueden acusar importantes respuestas sensitivas estructural y funcionalmente a los cambios climáticos de periodo largo.

Por otra parte a nivel global se sabe que el promedio de exportación de carbón desde los manglares es *ca.* 210 $gCm^{-2}año^{-1}$, con un rango que varía entre 1.86 a 420 $gCm^{-2}año^{-1}$, y 75% de este material es carbón orgánico. Yañez (1998).

## 8.    Amenazas de los manglares

En relación a amenazas los ecosistemas costeros incluyendo a los manglares, son especialmente vulnerables debido a las presiones económicas y sociales, además de su localización sobre el borde costero.

Estos ecosistemas, por su localización en la zona intermareal, se estima que serán de los ecosistemas mayormente afectados frente al cambio climático global, en particular frente a los efectos del incremento del nivel medio del mar, fuerza de vientos, oleaje y corrientes, y patrón de tormentas.

Según Habiba (2002), en todo el mundo cerca del 20% de los humedales costeros se podrían perder para el año 2080, producto de la elevación del nivel medio del mar. Es importante mencionar que en aquellas áreas insulares donde existe una alta carga de sedimentos y procesos erosivos menores, la vulnerabilidad de los manglares es de esperarse que sea baja.

Los manglares según Aburto (2008), se están agotando a nivel mundial y con ellos una amplia biodiversidad y servicios que estos ecosistemas proveen. Anota también que para el Golfo de California el valor medio anual que representan los manglares en términos de pesquerías representa $37,500 por hectárea de manglar de borde.

Otros ecosistemas tropicales y subtropicales, como otros humedales costeros salobres o dulceacuícolas y los pastos marinos, muestran una variabilidad más pronunciada en periodos cortos debido a fluctuaciones estacionales e interanuales y su tasa de renovación es muy rápida, por lo cual se dificulta su seguimiento frente al cambio climático global.

Según Uta (2008) los manglares son ecosistemas vulnerables ante el cambio climático, esto es significativo considerando que se encuentran estabilizando las zonas costeras de los trópicos.

En relación a las típicas amenazas de los ecosistemas de manglar, Tovilla y de la Lanza (2009), reportan uso y extracción en el sur de México específicamente en la barra de Tecoanapa Guerrero, principalmente de mangle blanco *Laguncular iaracemosa* y mangle rojo ***Rhizophora mangle***, los cuales se encuentran en asociación, no así para mangle negro, este fenómeno parece repetirse en las costas de Guatemala tanto en el Pacífico como en el Caribe.

En Guatemala de 1950 a la fecha se considera que se han perdido unas 26,500 hectáreas de manglares que representan un 70% de la cobertura histórica, según estudios hechos por TNC, en 1998. Por otra parte García y Camarena (2006), indican que más del 50% de los manglares a nivel mundial han sido talados sin que se comprenda el enorme valor de estos bosques costeros, por lo que urge una estrategia de recuperación de estos ecosistemas.

La disminución de los manglares se da en todo el trópico, Rico-Gray (1979), citado por Basáñez (2006), indica que en México existe una disminución del área de manglar debido a la sobreexplotación y la demanda para otras actividades como agricultura, ganadería, crecimiento de las ciudades y apertura de caminos.

Dentro de las preocupaciones por las alteraciones que pueden sufrir los ecosistemas de manglar, en relación al cambio climático Habiba (2002), indica que es necesario generar información con el propósito de mejorar el conocimiento de las relaciones entre la biodiversidad, la estructura y el funcionamiento del ecosistema, y la dispersión y/o migración a través de paisajes fragmentados, con el propósito de diseñar estrategias de conservación y restauración.

## 9. Los manglares del Sur-Oriente de Guatemala

### 9.1. Clasificación general

Los manglares se pueden encontrar dentro de cinco grupos básicos de ambientes como son. Manglares de cuenca, manglares ribereños, manglar de borde, manglar de islotes o hamacas y manglar enano. Yañez et. al. (1998).

Los ecosistemas de manglar exhiben una gran variabilidad en su estructura que responde a los parámetros medio ambientales, físicos y químicos del agua y del sustrato en donde crecen. Dichos factores incluyen concentraciones de nutrientes aportados por los ríos o escurrimientos terrígenos, precipitación e intensidad de evaporación, nivel topográfico, frecuencia y períodos de inundación por la marea, y composición del sedimento. Hay tensores naturales, como las sequías prolongadas, altas salinidades, la herbivoría y el crecimiento poblacional extremo de herbívoros, que deviene en plagas.

Los manglares también varían dentro de su comunidad, lo que origina distintos tipos fisionómicos de bosques con base a su densidad, área basal y altura. Una clasificación común, de tipo fisonómico los caracteriza como ribereño cuenca, sobrelavado, borde y matorral (Lugo y Snedaker, 1974; Flores-Verdugo, 1992).

*Ribereño:*

Se localiza en los bordes de la desembocadura de los ríos y canales deltáicos. Suele ser el más desarrollado estructuralmente y de mayor productividad primaria por encontrarse en condiciones ambientales óptimas, tales como un clima tropical, donde predominan las precipitaciones y los aportes fluviales sobre la evaporación, una salinidad estuarina (15 ppm) y disponibilidad de nutrientes provenientes de los ríos. Influyen también otros factores relacionados con el metabolismo microbiano y de otros organismos asociados al sedimento y al metabolismo particular de cada especie de manglar. Los valores reportados para este tipo de bosque indican un área basal de 41.3 ± 8.8 m$^2$ /ha, una densidad de 1730 arb/ha ± 350 y una altura de 17.7± 3.7m (Agráz-Hernández, 2006).

### *Borde:*

Es el que se encuentra en la orilla de las lagunas costeras, estuarios y bahías. En este tipo fisonómico, se puede observar la zonación clásica de *Rhizophora mangle* y/o *Laguncularia racemosa*, *Avicennia germinans* y *Conocarpus erectus*, si existe pendiente topográfica e influencia de mareas. En función de la geomorfología y del balance hidrológico va a depender el ancho del bosque. También dependerá de la dominancia del balance hidrológico positivo para que exista en la parte posterior otro bosque. Los valores reportados para este tipo de bosque indican un área basal de 17.9 ± 2.9 m$^2$/ha, una densidad de 5930 ± 3005 arb/ha. y una altura de 8.2 ± 1.1 m (Agráz-Hernández, 2006).

### *Cuenca:*

Se localiza en la parte posterior del manglar tipo borde o ribereño y se caracteriza por ser inundado periódicamente por la marea con menor frecuencia que los manglares de borde y ribereño (Agráz-Hernández, 2006).

Dispone principalmente de los nutrientes provenientes del reciclamiento de su propio detritus. En general, presenta una mayor variabilidad estructural en función de la distancia a la orilla del río, laguna, estero o el mar, del gradiente topográfico y de la intensidad de mareas. Por las características funcionales de los ciclos de nutrientes y de la materia orgánica, este tipo de manglar es aparentemente un ecosistema cerrado (Twilley *et al*., 1986), sin embargo, hay evidencias de que en algunos casos, durante la época de lluvias, hay una considerable remoción de compuestos orgánicos disueltos, principalmente substancias húmicas y taninos, hacia los canales de mareas de los esteros y las lagunas. Los valores reportados para este tipo de bosque indican un área basal de 18.5 ± 1.6 m$^2$/ha, una densidad de 3580 ± 394 arb/ha, y una altura de 9.0± 0.7 m. *Avicennia germinans y Laguncularia racemosa* (Agráz-Hernández, 2006).

## *Sobrelavado:*

Se localiza en barras, islas e islotes aislados. En general, es monoespecífico y está constantemente afectado por las corrientes de marea. Se caracteriza por presentar una alta tasa de remoción de su detritus por los flujos y reflujos de las mareas en comparación con la tasa de producción de éste. Debido a esta situación, su desarrollo estructural está limitado por la escasa disponibilidad de nutrientes provenientes del reciclamiento de su propio detritus y depende de los nutrientes disueltos en el agua. Este tipo de manglar corresponde a islotes en canales de mareas (esteros) y lagunas costeras. *Rhizophora mangle* (Agráz-Hernández, 2006).

## *Matorral:*

Se caracteriza por su escaso desarrollo estructural, lo cual es consecuencia de encontrarse retirado de las fuentes de nutrientes terrigénicos provenientes de los ríos y los escurrimientos, o por localizarse en áreas de intensa evaporación y, por lo tanto, en condiciones de hipersalinidad en los sedimentos. Los valores reportados para este tipo de bosque indican un área basal de 0.6 m$^2$/ha, una densidad de 25,030 arb/ha. y una altura de 1.0m (Agráz-Hernández, 2006).

Las áreas de inundación durante mareas muertas, mareas vivas y la época de las mareas más altas, son particularmente importantes para el establecimiento de plántulas de cada una de las especies de manglar. La frecuencia e intensidad de las inundaciones disminuye con la elevación del terreno y la distancia de los canales de marea (Agráz-Hernández, 2006).

Considerando la interacción entre esta dinámica y el clima, pueden distinguirse dos patrones de zonación. (1) En climas semiáridos a áridos, hay un gradiente muy marcado en la salinidad del suelo, porque al alejarse de los canales o esteros, la frecuencia de inundación del sitio por las mareas disminuye durante la estación de secas y el agua aportada por la marea es rápidamente evapotranspirada. Como estas zonas no llegan a ser inundadas por mareas durante varias semanas, las sales se van acumulando en el suelo. (2) En climas lluviosos, con un gran aporte de escorrentía superficial y subsuperficial, la zona interna del manglar es lavada continuamente por agua dulce continental y las sales de los suelos más alejados de las orillas son lavadas continuamente, por lo que en ellos se establecen algunos de los manglares más altos (Jiménez, 1994). La regla general es que en los manglares la zonación (es decir, la presencia y abundancia de sus especies arbóreas) en función de los nivel topográficos de inundación del suelo y de la salinidad. Generalmente dominado por *Avicennia germinans* (Agráz-Hernández, 2006).

Los manglares son sensibles a los cambios en el patrón de inundación (periodo de inundación y exposición al aire) que dan las condiciones hidrológicas netas producto de la combinación de las mareas, aportes fluviales/escurrimientos terrestres, precipitación evaporación, efecto del viento, profundidad y geomorfología del cuerpo de agua adyacente y la extensión de un nivel topográfico óptimo. Así mismo, parámetros ambientales, como lo son: temperatura, corrientes, salinidad del agua, pH, redox del agua intersticial y composición del sustrato (Agráz-Hernández, 2006).

## 9.2. Clases de mangle presentes en el Sur-Oriente de Guatemala

En Guatemala encontramos tanto en la costa del Pacífico como en el Caribe, cuatro clases de mangle de tres familias diferentes, estas son:

**Familia Rhizophoraceae:**

Representado por *Rhizophora mangle* (mangle rojo)

Figura 5. Propágulo y flores de mangle rojo *Rhizophora mangle* L. (foto: Michelle Rinze)

**Descripción:**

Se encuentra en las condiciones de mayor inmersión del suelo y de menor salinidad (0 a 37 ppm, con tolerancia de hasta 65 ppm (Cintrón *et al* 1978 y Teas 1979), considerándose como una especie pionera en los límites terrestres y marinos.

Esta especie presenta un mecanismo de exclusión de las sales, así como lenticelas en las raíces adventicias para captar el oxígeno atmosférico. Se desarrolla en las desembocaduras de ríos donde se forman lagunas someras con aguas salobres sujetas a la actividad de las mareas (Agráz-Hernández, 2006).

**Familia Combretaceae.**

representado por: *Laguncularia racemosa* (mangle blanco) y por *Conocarpus erectus*

Figura 6: Mangle blanco *Laguncularia racemosa* (foto: Martín Manuel Sánchez)

**Descripción:**

Se encuentra en las condiciones de mayor inmersión del suelo, tiempo de residencia del agua y de menor salinidad (0 a 42 ppm, con tolerancia hasta 80 ppm) (Jiménez, 1984). Esta especie presenta mecanismo de excreción (glándulas) de las sales, así como lenticelas en sus neumatóforos para captar el oxígeno atmosférico (Agráz-Hernández, et al, 2006).

*Conocarpus erectus* (mangle botoncillo):

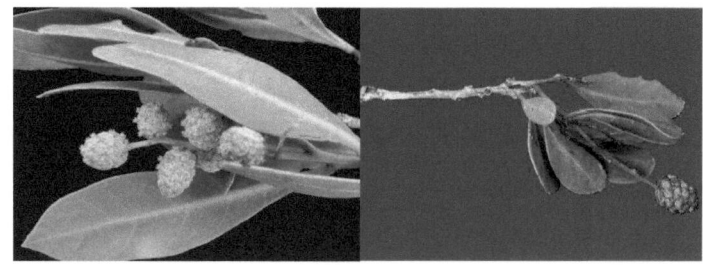

Figura 7: Mangle botoncillo *Conocarpus erectus* (foto: Michelle Rinze)

**Descripción:**

Se encuentra ocasionalmente en condiciones de inmersión del suelo y bajo concentraciones de salinidad altas (0 a 90 ppm, con tolerancia hasta 120 ppm). Esta especie presenta mecanismo de excreción (glándulas) de las sales (Agráz-Hernández, et al, 2006).

**Familia avicenniaceae:** representado por *Avicennia germinans* (mangle negro)

Figura 8. Mangle negro *Avicennia germinans* (fotos: Martín Manuel Sáanchez)

**Descripción:**

Se encuentra en las condiciones de menor inmersión del suelo, sólo en las mareas más altas y de mayor salinidad (0 a 65 ppm, con límites de tolerancia hasta 100 ppm) (McKee, 1995). Esta especie presenta mecanismo de excreción (glándulas), exclusión y acumulación de las sales, así como lenticelas en sus neumatóforos para captar el oxígeno atmosférico (Agráz-Hernández, 2006).

**9.3. Peces asociados a los manglares del Sur Oriente de Guatemala**

Los manglares albergan gran cantidad de organismos que dependen directamente o indirectamente de este ecosistema, en todo o parte de su ciclo vital, entre ellos están los peces que son organismos dinámicos que desempeñan un importante papel en la conectividad de ecosistemas de manglar y que en alguna medida pueden ser excelentes indicadores de su salud ecosistémica.

Para la región del Sur Oriente de Guatemala se han encontrado alrededor de 27 familias entre las que destacan Mugilidae, Carangidae, Lutjanidae, Gerreidae y Centropomidae.

## 9.4. Metodología utilizada en la caracterización biofísica de los manglares del Sur Oriente de Guatemala

### 9.4.1. Componente manglar

- **Ubicación de parcelas de muestreo**

Parcela 1: Las Lisas

Coordenadas: 90°14'52" – 13°47'52"

Figura 9.  Manglares de Las Lisas Fuente: Proyecto FODECYT No. 065-2009

Parcela 2: Barra El Jiote

Coordenadas: 90°13′44" – 13°47′18"

Figura 10. Manglares de la Barra El Jiote   Fuente: Proyecto FODECYT No. 065-2009

Parcela 3: El Limón

Coordenadas: 90°11′43" – 13°46′35"

Figura 11. Manglares de la Barra El Limón   Fuente: Proyecto FODECYT No. 065-2009

Parcela 4: Barra La Gabina

Coordenadas: 90°11′01" – 13°46′28"

Figura 12  Barra La Gabina    Fuente: Proyecto FODECYT No. 065-2009

Parcela 5: Paraíso-La Barrona

Coordenadas: 90°11′30" - 13°46′29"

Figura 13. Manglares del Paraíso La Barrona    Fuente: Proyecto FODECYT No. 065-2009

- **Muestreo**

El desarrollo de la investigación se basó en 5 sitios de muestreo localizando una parcela de 30 por 30 metros en cada sitio.

- **Variables dasométricas**

Para las variables dasométricas, se procedió a medir parámetros directamente en el campo y cálculo en gabinete. Dichas variables fueron:

Número de árboles en la parcela

Altura

DAP (diámetro a la altura del pecho)

Con esta información se calculó:

Distancia entre árboles

$d^2 = A/P$

Donde:

$d^2 =$ distancia entre árboles al cuadrado.

$A =$ Área total,

$P =$ Población (número total de árboles)

Área basal

$AB = \pi(r^2)N$

Donde.

AB: Área Basal

N: Número total de individuos y

Densidad de población (número total de árboles/ha). CARICOMP (2001).

- **Estructura y composición**

Para la establecer la estructura y composición, se utilizaron los datos generados en la dasometría y mediciones de cobertura mediante la utilización de imágenes.

También se determinó el índice de complejidad como uno de los principales indicadores de estructura Kathiresan (sf), basado en Cintron & Novelli (1984). Este

37

índice denota la diversidad y abundancia de flora en comunidades forestales, este se calcula combinando el número de especies, la densidad de población, el área basal y la altura media de los árboles, multiplicada por un factor de $^{-5}$

$$Ic = Número\ de\ especies * área\ basal * media\ de\ altura * 10\ ^{-5}$$

La composición se definió mediante conteo de especies de mangle en las parcelas de muestreo, las cuales estuvieron dominadas por mangle rojo *Rhizophora mangle* L.

- **Hojarasca**

Se instalaron 15 trampas para colecta de hojarasca dentro de las parcelas de manglar. Las muestras colectadas durante el periodo de investigación fueron analizadas en el Laboratorio de Sanidad Acuícola del Centro de Estudios del Mar y Acuicultura de la Universidad de San Carlos de Guatemala. Las variables evaluadas fueron:

Peso húmedo, peso 48 horas, peso 72 horas, % humedad

### 9.4.2. Componente Agua

Se realizaron muestreos de agua, localizando los puntos de acuerdo a las características del ecosistema, en cada punto de muestreo se tomaron tres réplicas.

Cuadro 1. Ubicación de puntos de muestreo

| Punto No. | Coordenadas en UTM | |
|---|---|---|
| 1 | N 0288103 | W 1757799 |
| 2 | N 0796222 | W 1528395 |
| 3 | N 0796202 | W1528425 |
| 4 | N 0796523 | W 1527647 |
| 5 | N 0799744 | W 1527658 |
| 6 | N 0790831 | W 1530151 |
| 7 | N 0798182 | W 1526784 |
| 8 | N 0798206 | W 1526546 |
| 9 | N 0798921 | W 1526554 |
| 10 | N 0801117 | W 1527481 |

Fuente: Proyecto FODECYT No. 065-2009

Los parámetros físico químicos evaluados fueron:

Temperatura, Oxígeno, pH, Salinidad, Turbidez, Fosfatos, Nitratos, Nitritos y Sulfatos.

La determinación de los parámetros físicos se realizó por medio de la utilización de una sonda multiparamétrica. El análisis de los parámetros químicos se realizó en el Laboratorio de Calidad de Agua, del Centro de Estudios del Mar y Acuicultura, utilizando el equipo Hach modelo DR-890 con los reactivos correspondientes para cada variable.

### 9.4.3. Componente fauna íctica

Se evaluaron las capturas de peces obtenidas por los pescadores artesanales del área de estudio, aquellas que son objeto de captura y todas las que se constituyen en captura incidental, en el estuario y en el mar de acuerdo a las zonas de pesca. El levantamiento de esta información se realizó en coordinación con el proyecto de investigación "Elementos para contribuir a la gestión integrada de zonas costeras del Pacifico de Guatemala. Humedal Las Lisas, Chiquimulilla, Departamento de Santa Rosa". Dirección General de Investigación, Universidad de San Carlos de Guatemala.

### 9.4.4. Elementos paisajísticos y geomorfológicos

Para las interpretaciones geomorfológicas se utilizaron los softwares: Arc.Gis 9.3 y Map Info 8.
Se digitalizaron elementos implicados en la geomorfología costera tales como: Espejo de agua del río, espejo de agua de la zona mareal sobre la plataforma continental, aspectos del modelado geográfico general y vegetación, se siguieron los pasos indicados en la figura 13.

Figura 14. Esquema para la digitalización de elementos paisajísticos y geomorfológicos Fuente: FODECYT No. 065-2009

Se generaron los siguientes mapas:

✓  Mapa de medios naturales
✓  Mapa de localización de sitios de monitoreo
✓  Mapa de cobertura de manglar
✓  Mapa de infraestructura
✓  Mapa geomorfológico

## 9.5. Resultados

### 9.5.1. Componente agua

**Temperatura, Oxígeno disuelto, pH, turbidez y salinidad**

En el cuadro 2 se puede observar que la temperatura se mantuvo en rangos normales para esta región subtropical, en época seca 2011, el promedio de temperatura fue de 28.56 °C, para la época de transición seca-lluviosa 2011 fue de 29.82°C, para la época lluviosa 30.75 °C y para la época seca 2012, volvió a bajar a 28.13 °C. El oxígeno fue particularmente bajo en todos los sitios y épocas, considerando que la mayoría de organismos acuáticos están en mejores condiciones cuando el oxígeno está entre 3 y 8 mg/L. (Cuadro 3). El pH se mantuvo en rangos cercanos a la neutralidad, es importante considerar que el pH, en dentro de los ecosistemas de manglar regularmente es ligeramente ácido a ácido.

La turbidez en estos canales mareales fue mayor en época seca en ambos años como puede apreciarse en la figura 14. Como era de esperarse la salinidad aumentó en la época seca en ambos años, en la época lluviosa alcanzó sus niveles más bajos 15.6 ppm. (Figura 12).

Cuadro 2. Temperatura del agua °C

| Punto de muestreo | Época seca 2011 | Época de transición 2011 | Época lluviosa 2011 | Época seca 2012 |
|---|---|---|---|---|
| Sarampaña | 28.30 | 29.85 | 31.00 | 28.50 |
| Rio Viejo Sarampaña | 27.80 | 28.95 | 30.80 | 28.90 |
| Las Lisas | 28.40 | 30.20 | 30.70 | 28.40 |
| El Escondido | 26.50 | 30.00 | 31.05 | 28.20 |
| La Huesera | 28.85 | 29.90 | 30.90 | 28.20 |
| El Ahumado | 29.50 | 30.35 | 31.70 | 28.50 |
| Boca barra El Jiote Oeste | 29.35 | 30.00 | 30.65 | 28.60 |
| Boca barra El Jiote Este | 29.20 | 30.10 | 30.50 | 28.10 |
| Río Viejo | 29.25 | 29.75 | 30.20 | 26.80 |
| Finca camaronera | 28.40 | 29.05 | 30.00 | 27.10 |

Fuente: Proyecto FODECYT No. 065-2009

Cuadro 3. Oxígeno disuelto mg/L.

| Punto de muestreo | Época seca 2011 | Época de transición 2011 | Época lluviosa 2011 |
|---|---|---|---|
| Sarampaña | 00.76 | 1.005 | 01.14 |
| Rio Viejo Sarampaña | 00.70 | 00.89 | 01.06 |
| Las Lisas | 01.13 | 01.18 | 00.85 |
| El Escondido | 01.09 | 01.08 | 01.25 |
| La Huesera | 01.12 | 01.09 | 01.20 |
| El Ahumado | 01.08 | 01.09 | 01.09 |
| Boca barra El Jiote Oeste | 01.34 | 01.22 | 01.37 |
| Boca barra El Jiote Este | 01.25 | 01.09 | 01.42 |
| Río Viejo | 00.89 | 00.95 | 01.44 |
| Finca camaronera | 01.01 | 00.94 | 01.58 |

Fuente: FODECYT No. 065-2009

Cuadro 4. pH

| Punto de Muestreo | Época seca 2011 | Época lluviosa 2011 | Época seca 2012 |
|---|---|---|---|
| Sarampaña | 06.95 | 06.37 | 06.50 |
| Río Viejo Sarampaña | 06.60 | 06.46 | 06.86 |
| Las Lisas | 07.00 | 06.70 | 06.87 |
| El Escondido | 06.71 | 06.64 | 06.80 |
| La Huesera | 07.05 | 06.57 | 06.86 |
| El Ahumado | 06.84 | 06.54 | 06.80 |
| Bocabarra El Jiote oeste | 06.78 | 07.10 | 06.92 |
| Bocabarra El Jiote este | 06.95 | 06.73 | 06.86 |
| Río Viejo | 07.00 | 06.58 | 06.70 |
| Finca camaronera | 07.35 | 07.05 | 06.80 |

Fuente: FODECYT No. 065-2009

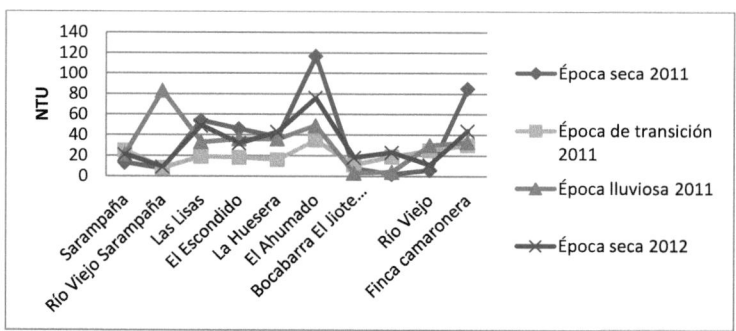

Figura 15. Turbidez. Fuente Proyecto FODECYT No. 065-2009

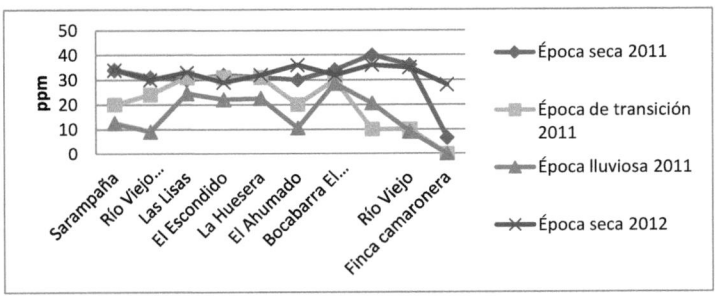

Figura 16. Salinidad (FODECYT No. 065-2009)

**Nitratos, Nitritos, Fosfatos y Sulfatos**

Se encontraron concentraciones medias de nitratos de 10 mg/L, lo cual se considera adecuado para el normal desarrollo de las plantas. Actualmente en la comunidad Europea el nivel máximo permitido de nitratos en aguas potables es de 50 mg/L, siendo el valor orientador de 25 mg/L. (Figura 16). por otra parte los nitritos reportaron una media de 0.079 mg/L. para la época seca 2011, 0.08 mg/L para la época de transición, 0.124 para la época lluviosa y 0.068 para la época seca 2012. Se considera que estas concentraciones en el agua no son tóxicas y permiten el desarrollo normal de especies hidrobiológicas, la concentración de nitritos es segura cuando está en un rango de 0.08-0.35 mg/L (Camargo, 2006).

Los fosfatos registraron valores promedio de 1.74 mg/L para la época seca 2011, se incrementó para la época de transición a 6.72 mg/L y superó los 13.75 mg/L en la época lluviosa para volver a descender en la época seca 2012 donde se encontró un valor de 1.59 mg/L.

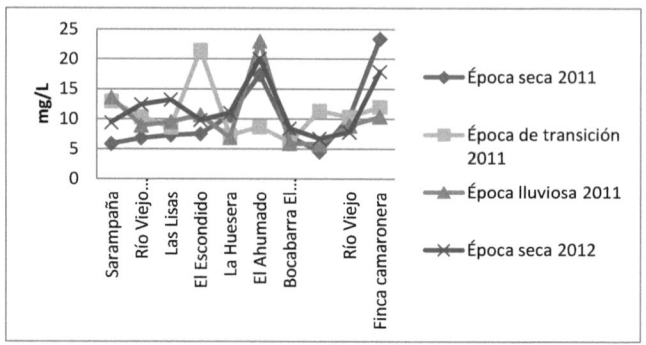

Figura 17.  Nitratos (FODECYT No. 065-2009)

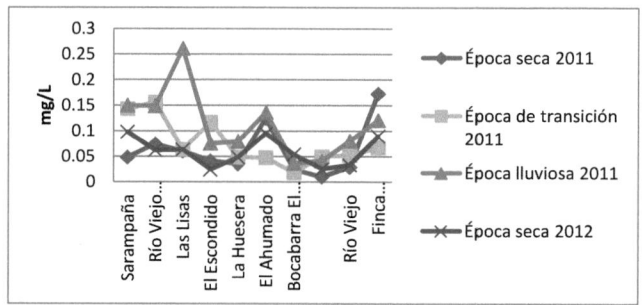

Figura 18.  Nitritos (FODECYT No. 065-2009)

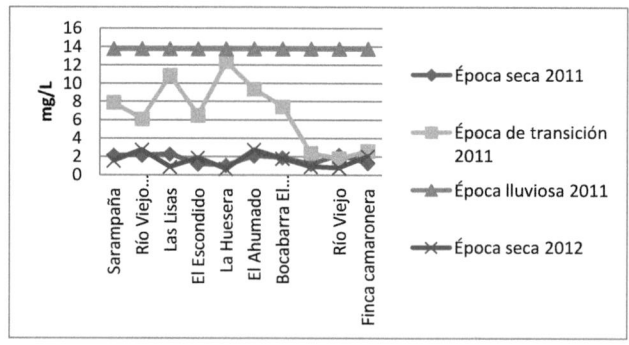

Figura 19.  Fosfatos (FODECYT No. 065-2009)

46

Los sulfatos por su parte estuvieron reportaron una media de 28.9 mg/L, lo cual se considera aceptable para el crecimiento de los organismos acuáticos en el área, incluso para agua potable se establece un máximo de 250 mg/L.

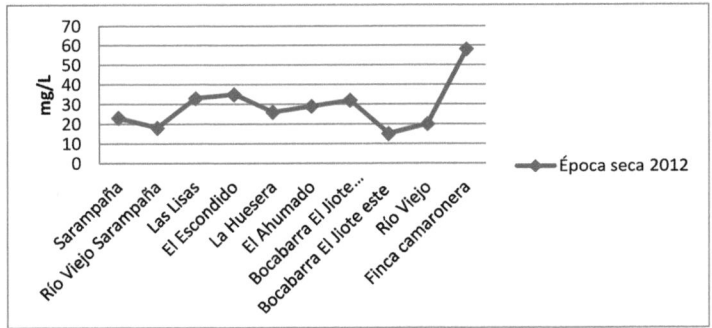

Figura 20.  Sulfatos, Fuente Proyecto FODECYT No. 065-2009

### 9.5.2. Componente manglar

### 9.5.2.1.    Dasometría

Como puede observarse en el Cuadro No. 12, la mayor altura de árboles se obtuvo en la parcela uno, la cual tienen dominancia total de mangle rojo, esto se ve reflejado también en el área basal, la cual fue mayor para este sitio, que el resto de sitios evaluados.

Cuadro 5. Medidas dasométricas del mangle en el área de estudio

| Especie | Parcela 1 La Barrona | | Parcela 2 Frente a la comunidad del Jiote | | Parcela 3 Frente a la barra del Jiote | | Parcela 4 Las Lisas | | Parcela 5 Paraíso La Barrona | |
|---|---|---|---|---|---|---|---|---|---|---|
| | DAP | H | DAP | H | DAP | H | DAP | H | DAP | H |
| MR | 32.73 | 15.11 | 08.12 | 08.49 | 18.99 | 13.82 | 14.99 | 13.66 | 13.66 | 08.74 |
| MN | 00.00 | 00.00 | 11.39 | 08.73 | 00.00 | 00.00 | 00.00 | 00.00 | 18.38 | 09.02 |
| MB | 00.00 | 00.00 | 06.31 | 07.67 | 00.00 | 00.00 | 00.00 | 00.00 | 09.00 | 05.00 |

Fuente: FODECYT No. 065-2009

MR: mangle rojo

MN: mangle negro

MB: mangle blanco

DAP: Diámetro a la altura del pecho

H: altura

En la Figura 20, puede apreciarse la predominancia de altura, DAP y área basal de la parcela uno con relación al resto de sitios evaluados. También se observa en la misma figura que las parcelas 2 y 5 presentan 3 clases de mangle; mangle rojo, mangle negro y mangle blanco, el resto de parcelas son con dominancia total de mangle rojo.

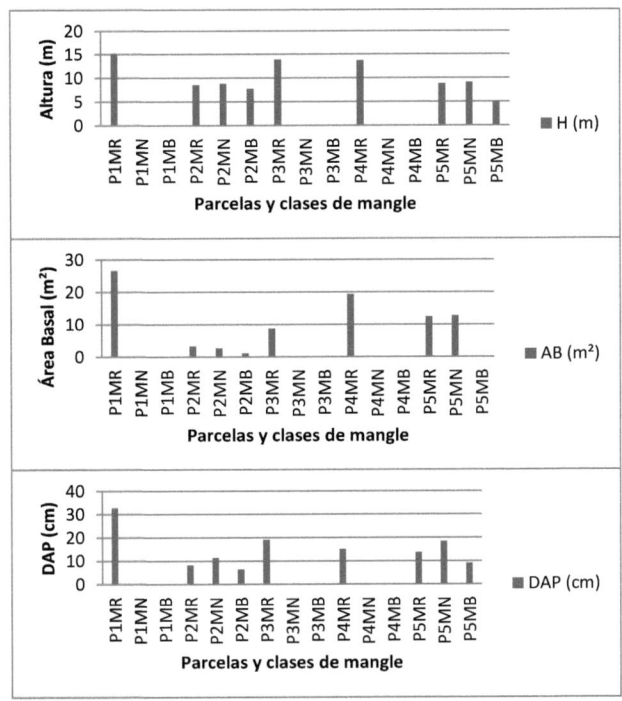

Figura 21. Comparación de diámetro a la altura de pecho (DAP), área basal (AB) y altura (H) en las 5 parcelas de muestreo de mangle (FODECYT No. 065-2009)

Como puede verse en el Cuadro No. 6, la densidad de población de mangles fue mayor en los sitios dos y cinco donde, como se dijo anteriormente se encuentran presentes tres clases de mangle.

Cuadro 6. Densidad de árboles de mangle por hectárea

| Parcela | Densidad (Árboles por hectárea) | Número de especies |
|---|---|---|
| Parcela 1, Las Lisas | 300 | 1 |
| Parcela 2, Barra El Jiote | 1122 | 3 |
| Parcela 3, El Limón | 255 | 1 |
| Parcela 4, Barra La Gabina | 644 | 1 |
| Parcela 5, Paraíso la Barrona | 1110 | 3 |

Fuente: FODECYT No. 065-2009

Cuadro 7.  Área basal de mangle

| Parcela | DAP (cm) | H | Densidad de población por especie (árboles/ha) | Área basal por especie (m²/ha) |
|---|---|---|---|---|
| Parcela 1MR | 32.73 | 15.11 | 300 | 25.24 |
| Parcela 2 MR | 08.12 | 08.49 | 577 | 02.98 |
| Parcela 2 MN | 11.39 | 08.73 | 233 | 02.37 |
| Parcela 2 MB | 06.31 | 07.67 | 311 | 00.97 |
| Parcela 3 MR | 18.99 | 13.82 | 255 | 07.22 |
| Parcela 4MR | 14.99 | 13.66 | 644 | 11.36 |
| Parcela 5 MR | 04.34 | 08.74 | 688 | 12.44 |
| Parcela 5 MN | 05.85 | 09.02 | 400 | 12.77 |
| Parcela 5 MB | 02.86 | 05.00 | 22 | 00.11 |

Fuente: FODECYT No. 065-2009

## 9.5.2.2. Estructura y composición

El índice de complejidad (Ic) fue bajo para la mayoría de parcelas sin embargo fue alto para la parcela 5 donde se reportó un Ic de 6.39 (Cuadro No. 15)

### Índice de complejidad

Fue bajo, debido a la alta densidad, arboles bajos, diámetros pequeños en todos los casos registrándose un valor promedio de 0.74, excepto para la parcela 5 que reportó un buen valor estructural de 6.39, es importante mencionar que los primeros cuatro sitios se encuentran muy influenciados por la marea y la intervención humana, mientras que el sitio 5 se encuentra alejado de ambas condiciones (Tabla 4).

Cuadro 8. Índice de complejidad en las parcelas de mangle

| Parcela | Número de especies | Densidad de población | Área Basal (m²/ha) | H (m) | IC |
|---------|--------------------|-----------------------|---------------------|--------|------|
| Parcela 1 | 1 | 300 | 25.24 | 15.11 | 1.14 |
| Parcela 2 | 3 | 1122 | 2.10 | 08.29 | 0.58 |
| Parcela 3 | 1 | 255 | 7.22 | 13.82 | 0.25 |
| Parcela 4 | 1 | 644 | 11.36 | 13.66 | 0.99 |
| Parcela 5 | 3 | 1110 | 25.32 | 07.58 | 6.39 |

Fuente: FODECYT No. 065-2009

### 9.5.2.3. Hojarasca

Como puede apreciarse en el Cuadro No. 16, la producción de materia seca procedente de hojarasca fue normal para estos ecosistemas y se evidenció una baja en la época de transición para recuperarse nuevamente cuando se acentuó la época lluviosa, se registró un promedio de 60.66 gr/m²/mes. Estos hallazgos están por debajo de lo encontrado por Orijuela-Belmonte E,: Tovilla-Hernández C. (2004), en manglares de la Costa de Chapas, quienes reportan para bosque de borde 150 gr/m²/mes, para bosque de cuenca 92.5 gr/m²/mes y para rodal periférico 118.3 gr/m²/mes.

Orijuela-Belmonte E.; Tovill-Hernández C. 2004, Flujo de materia en un manglar de la costa de Chiapas, México, Madera y Bosques Número especial 2. Pp. 45-61.

Cuadro 9. Producción de materia seca de hojarasca de mangle

| Época | Producción de hojarasca por mes (materia seca gr/m²/mes) |
|---|---|
| Época seca | 75 |
| Transición época seca-lluviosa | 49 |
| Época lluviosa | 58 |

Fuente: FODECYT No. 065-2009

### 9.5.3. Componente fauna íctica

A continuación se presentan datos de un crucero de pesca científica realizado en el canal mareal de la región de manglares del Sur Oriente de Guatemala. En la figura se puede observar la predominancia de las familias Haemulidae, Sciaenidae y Carangidae.

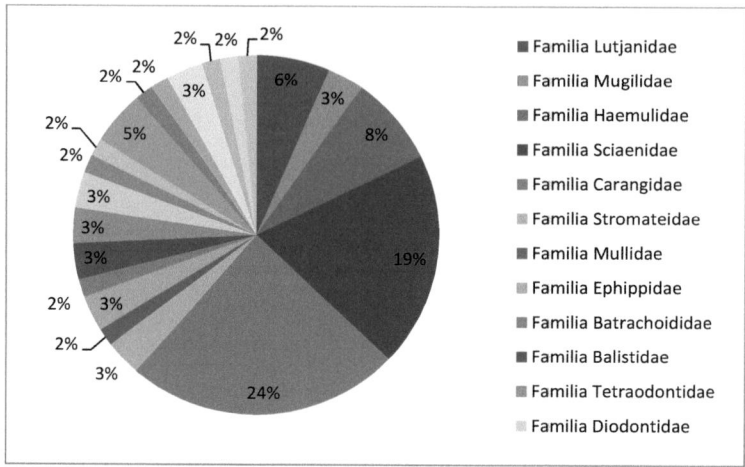

Figura 22.  Porcentaje de especies de peces por familia (FODECYT No. 065-2009)

## 10. Legislación para los manglares en Guatemala

En Guatemala dado a la vulnerabilidad de los ecosistemas de manglar, se han protegido por la ley, el cuerpo legal más importante es el artículo 35 de la Ley Forestal (Decreto 101-96), el cual dice "Se declara de interés nacional la protección, conservación y restauración de los bosques de mangle en el país. El aprovechamiento de árboles de estos ecosistemas será objeto de una reglamentación especial, la cual deberá ser elaborada por el INAB en un plazo no mayor de un año luego de la aprobación de la presente ley. Queda prohibido el cambio de uso de la tierra en estos ecosistemas. La restauración del manglar gozará de apoyo de una ley de protección especial". También se protege en la Ley de Áreas Protegidas (Decreto No. 4-89) y sus reformas (Decreto No. 110-96) del Congreso de la República de Guatemala.

## 11.  ¿Porqué y qué investigar en manglares?

Los manglares como ecosistemas dinámicos sujetos a las fluctuaciones mareales y a los cada vez más intensos cambios en las cuencas  producto del manejo inadecuado de las mismas, necesitan ser monitoreados e intervenidos desde el ámbito local, siguiendo pautas que deben estar dentro de un marco de gestión integral.

Está demostrado que los manglares a nivel mundial han sufrido alteraciones en su cobertura, en su estructura y en su funcionalidad general, también hay muchos estudios que han demostrado su valor en las pesquerías locales y la generación de diversos servicios ecosistémicos sumamente importantes en las zonas costeras.

Para saber qué investigar, es necesario entre muchas, hacerse por lo menos las siguientes preguntas:

¿Ha estado presente siempre el manglar en determinada región?

¿Ha habido disminución de cobertura de mangle en el lugar y cuál ha sido la causa?

¿Ha habido incremento de cobertura de mangle en el lugar y cuál ha sido la causa?

¿Existen presiones y fuentes de presión hacia el manglar?

¿Qué pasaría si desaparece el manglar en determinada región?

¿Cuál es la salud del manglar en el lugar?

¿Cuál es el valor del manglar en el lugar?

Si tenemos resueltas estas preguntas, sabremos cómo gestionar nuestro manglar

## 12. Bibliografía

1. Aarón M. E. 1999. Origins of mangrove ecosystems and the mangrove biodiversity anomaly, Department of Biológical Sciences, mount Holyoke College, USA, and Nature Conservancy, USA, Global Ecology and Biography

2. ABURTO O. *et al.* 2008. Mangroves in the Gulf of California increase fishery yields. Communicated for RodolfoDirzo, Stanford University, Stanford, CA.

3. BASÁÑEZ M. A & G.O. PÉREZ, 2006. Características estructurales y usos del manglar en el ejido cerroTumilco, Tuxpan, Veracruz México. Facultad de Ciencias Biológicas y Agropecuarias de la Universidad Veracruzana

4. CARICOMP. 2001. Manual of methods for mapping and monitoring of physical and biological parameters in the coastal zone of the Caribean.

5. CORELLA J. *et al.* 2001. Estructura Forestal de un Bosque de Mangles en el Noreste del Estado de Tabasco México.Instituto Nacional de Investigaciones Forestales, Agrícolas y Pecuarias, Dirección General de Investigación Forestal.

6. DAVIS. *et al.* 2005. A conceptual model of ecological interactions in the mangrove estuaries of the Florida everglades. Wetlands, Vol. 25 No. 4. pp. 832-842.© 2005 The Society of Wetlands Scientists.

7. FAO (Food and Agriculture Organization of the United Nations).1994. Mangrove forest management guidelines. FAO forestry paper No. 117. (enlínea). Consultado 19 abr. 2008. Disponible en: http://www.fao.org

8. HABIBA G. *et al.* 2002. Cambio climático y biodiversidad.Documento Técnico V del IPCC. OMM, WMO, PNUMA, UNEP.

**9.** INAB (Instituto Nacional de Bosques, GT). 1998. Reglamento para el aprovechamiento del mangle. Guatemala. 18p.

**10.** Lacerda, L.D., JE conde; B. Kjerfve; R. alvarez-Le-n; C. Alarcón-n; J. Polania 2002. Amérícan Mangroves Ecosistemas de manglar, Ed. Luis Drude de Lacerda. *et. Al.* 2001Amérícan mangroves

**11.** Ley Forestal de Guatemala

**12.** MUMBY. 2006. Connectivity of reef fish between mangroves and coral reefs: Algorithms for the design of marine reserves at seascape scales. Biological Conservation 128 (2006) pp 215-222.

**13.** ODUM H. T., CAMPBELL, D. 1994. El valor ecológico y ambiental de los manglares: el método EMergetic. Santiago, Chile: FARO: Revista para la administración de zonas costeras en América Latina

**14.** Orijuela-Belmonte E.; Tovill-Hernández C. 2004, Flujo de materia en un manglar de la costa de Chiapas, México, Madera y Bosques Número especial 2. Pp. 45-61.

**15.** RAMSAR. 2009. Sitios Ramsar del mundo, los humedales nos conectan a todos. http:/www.ramsar.org consultado el (28/09/09)

**16.** Ramsar (Convención Relativa a los Humedales de Importancia Internacional). 2,002. Resolución VIII.32 Conservación, manejo integral y uso sostenible de los ecosistemas de manglar y sus recursos. (en línea). España. Consultado 23 feb. 2008. Disponible en: http://www.ramsar.org

17. RAMSAR. 2005. Informe nacional presentado a la 9ª reunión de la conferencia de las partes contratantes (COP9, Uganda 2005)

18. RAMSAR. 2006. Mangrove ecology workshop for Guatemala^s teachers 2006. http:/www.ramsar.rgis.ch consultado el (28/09/09)

19. Ramsar (Convención Relativa a los Humedales de Importancia Internacional). 1998. Qué es la convención de Ramsar sobre los humedales. Documento informativo Ramsar No. 2. (en línea). Suiza. Consultado 19 abr. 2008. Disponible en http://www.ramsar.org

20. SECRETARÍA DE LA CONVENCIÓN RAMSAR. 2007. Uso racional de los humedales: marco conceptual para el uso racional de los       humedales, manuales Ramsar para el uso racional de los       humedales, 3º edición, vol. 1. Secretaría de la convención de       Ramsar, Gland, Suiza.

21. TOVILLA H. & DE LA LANZA GUADALUPE. 2001. Impact of logging on a mangrove swamp in South México: Cost/benefit analysis       RevistaBiología Tropical, vol. 49. N. 2. San José.

22. UTA V. et al. 2008. Advances and limitations of individual-based models to analyze and predict dynamics of mangrove forests: A Review. AquaticBotany 89. (2008) pp. 260-274

23. Vélez L. F. & Polania H. 2006. Estructura y dinámica del manglar del delta del río Ranchería, Caribe Colombiano.

**24.** Windevoxhel L. & Inbach Alejandro. Uso sostenible de manglares en América Central: Importancia de los bosques de manglar y experiencia en manejo en América Central. 22 p.

## 13.   Anexos

Turbidez del agua del canal mareal de Chiquimulilla, Sur Oriente de Guatemala NTU

| Punto de Muestreo | Época seca 2011 | Época de transición 2011 | Época lluviosa 2011 | Época seca 2012 |
|---|---|---|---|---|
| Sarampaña | 13 | 25 | 21 | 21 |
| Río Viejo Sarampaña | 7 | 8 | 83 | 9 |
| Las Lisas | 54 | 19 | 33 | 49 |
| El Escondido | 46 | 18 | 36 | 32 |
| La Huesera | 38 | 16 | 36 | 43 |
| El Ahumado | 117 | 35 | 49 | 76 |
| Bocabarra El Jiote oeste | 8 | 11 | 3 | 18 |
| Bocabarra El Jiote este | 2 | 19 | 4 | 23 |
| Río Viejo | 6 | 25 | 30 | 11 |
| Finca camaronera | 85 | 30 | 33 | 44 |

Fuente: FODECYT No. 065-2009

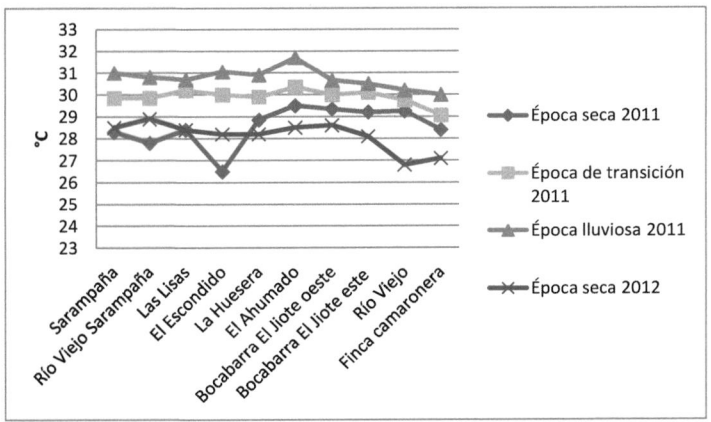

Temperatura del agua del canal mareal de Chiquimulilla, Sur Oriente de Guatemala (FODECYT No. 065-2009)

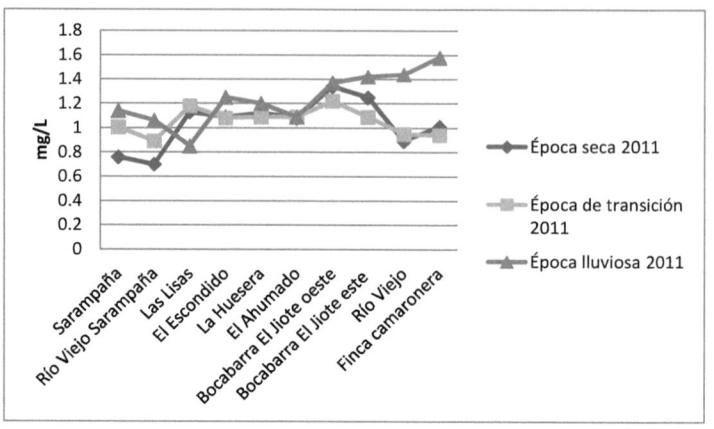

Oxígeno disuelto del agua del canal mareal de Chiquimulilla, Sur Oriente de Guatemala (FODECYT No. 065-2009)

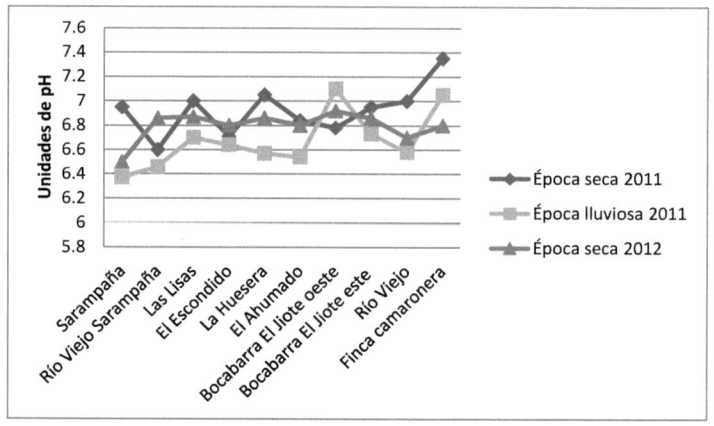

pH del agua del canal mareal de Chiquimulilla, Sur Oriente de Guatemala (FODECYT No. 065-2009)

Salinidad ppm, del agua del canal mareal de Chiquimulilla, Sur Oriente de Guatemala

| Punto de Muestreo | Época seca 2011 | Época de transición 2011 | Época lluviosa 2011 | Época seca 2012 |
|---|---|---|---|---|
| Sarampaña | 34 | 20 | 12.5 | 34 |
| Río Viejo Sarampaña | 31 | 24 | 9 | 30 |
| Las Lisas | 30 | 31 | 24.5 | 33 |
| El Escondido | 32 | 31 | 22 | 29 |
| La Huesera | 31 | 31 | 22.5 | 32 |
| El Ahumado | 30 | 20 | 10.5 | 36 |
| Bocabarra El Jiote oeste | 34 | 30 | 28.5 | 32 |
| Bocabarra El Jiote este | 40 | 10 | 20.5 | 36 |
| Río Viejo | 36 | 10 | 9 | 35 |
| Finca camaronera | 6.5 | 0 | 0 | 28 |

Fuente: FODECYT No. 065-2009

Nitritos mg/L, del agua del canal mareal de Chiquimulilla, Sur Oriente de Guatemala

| Punto de Muestreo | Época seca 2011 | Época de transición 2011 | Época lluviosa 2011 | Época seca 2012 |
|---|---|---|---|---|
| Sarampaña | 0.048 | 0.143 | 0.15 | 0.098 |
| Río Viejo Sarampaña | 0.074 | 0.156 | 0.149 | 0.062 |
| Las Lisas | 0.06 | 0.063 | 0.261 | 0.063 |
| El Escondido | 0.041 | 0.117 | 0.075 | 0.024 |
| La Huesera | 0.035 | 0.048 | 0.079 | 0.048 |
| El Ahumado | 0.125 | 0.047 | 0.136 | 0.095 |
| Bocabarra El Jiote oeste | 0.024 | 0.018 | 0.036 | 0.054 |
| Bocabarra El Jiote este | 0.01 | 0.049 | 0.041 | 0.025 |
| Río Viejo | 0.029 | 0.052 | 0.08 | 0.033 |
| Finca camaronera | 0.173 | 0.067 | 0.121 | 0.09 |

Fuente: FODECYT No. 065-2009

Nitratos mg/L, del agua del canal mareal de Chiquimulilla, Sur Oriente de Guatemala

| Punto de Muestreo | Época seca 2011 | Época de transición 2011 | Época lluviosa 2011 | Época seca 2012 |
|---|---|---|---|---|
| Sarampaña | 5.85 | 12.95 | 13.6 | 9.4 |
| Río Viejo Sarampaña | 6.8 | 10.3 | 8.9 | 12.4 |
| Las Lisas | 7.3 | 8.6 | 9.5 | 13.2 |
| El Escondido | 7.5 | 21.5 | 10.65 | 9.8 |
| La Huesera | 10.5 | 7.2 | 6.85 | 11 |
| El Ahumado | 17.4 | 8.65 | 23 | 20.1 |
| Bocabarra El Jiote oeste | 7.1 | 6.1 | 5.9 | 8.4 |
| Bocabarra El Jiote este | 4.5 | 11.35 | 5.75 | 6.7 |
| Río Viejo | 10.3 | 10.3 | 8.85 | 7.8 |
| Finca camaronera | 23.4 | 12 | 10.35 | 17.9 |

Fuente: FODECYT No. 065-2009

Fosfatos mg/L, del agua del canal mareal de Chiquimulilla, Sur Oriente de Guatemala

| Punto de Muestreo | Época seca 2011 | Época de transición 2011 | Época lluviosa 2011 | Época seca 2012 |
|---|---|---|---|---|
| Sarampaña | 2.14 | 7.87 | 13.75 | 1.54 |
| Río Viejo Sarampaña | 2.14 | 6.08 | 13.75 | 2.75 |
| Las Lisas | 2.26 | 10.87 | 13.75 | 0.86 |
| El Escondido | 1.18 | 6.49 | 13.75 | 1.87 |
| La Huesera | 1.05 | 12.37 | 13.75 | 0.66 |
| El Ahumado | 2.06 | 9.35 | 13.75 | 2.75 |
| Bocabarra El Jiote oeste | 1.88 | 7.41 | 13.75 | 1.78 |
| Bocabarra El Jiote este | 1.18 | 2.36 | 13.75 | 0.92 |
| Río Viejo | 2.19 | 1.8 | 13.75 | 0.76 |
| Finca camaronera | 1.28 | 2.6 | 13.75 | 2.05 |

Fuente: FODECYT No. 065-2009

Sulfatos mg/L, del agua del canal mareal de Chiquimulilla, Sur Oriente de Guatemala

| Punto de Muestreo | Época seca 2012 |
|---|---|
| Sarampaña | 23 |
| Río Viejo Sarampaña | 18 |
| Las Lisas | 33 |
| El Escondido | 35 |
| La Huesera | 26 |
| El Ahumado | 29 |
| Bocabarra El Jiote oeste | 32 |
| Bocabarra El Jiote este | 15 |
| Río Viejo | 20 |
| Finca camaronera | 58 |

Fuente: FODECYT No. 065-2009

Printed by Books on Demand GmbH, Norderstedt / Germany